藏在身边的科学

告诉我什么是重量?

[英]雪莉·威利斯/著 吕莹/译

中国出版集团 现代出版社

作者简介

[英]雪莉·威利斯

儿童读物插画师、设计师、编辑。

内容顾问

[英]皮特·拉弗蒂

曾任中学教师。1985年后开始从事科普读物创作,编辑出版了多部科学类百科全书和词典。

阅读顾问

[英]贝蒂·鲁特

英国雷丁大学阅读和语言信息中心主任,参与编写了多部儿童读物。

目录

它是重还是轻呢？	6
它很难提起来吗？	8
它看起来重吗？	10
哪一个更重呢？	12
它们的质量相同吗？	14
你用什么方法测量质量呢？	16
它有多重呢？	18
你有多重呢？	20
为什么我们需要测量物体的质量呢？	22
质量重要吗？	24
大象有多重呢？	26
地球有多重呢？	28
词语解释	30

小朋友看到这个图标的时候，记得要请家长帮忙哦！

它是重还是轻呢？

大象非常重，然而羽毛却非常轻盈。
它们的质量是不同的！
所有物体的质量都可以测量——连空气都可以。

羽毛太轻啦，几乎没有重量呢！来，试着用一只手托住一根羽毛，另一只手托住一个塞满羽毛的靠垫。可见，如果羽毛足够多的话，我们就能感受到它的重量啦！

物体的质量也就是——物体有多重！

它很难提起来吗?

物体的质量大小决定它能否被轻易提起来。

比较轻的物体很容易被提起来——它们的质量很小。
沉重的物体提起来很费劲——因为它们太重啦!

这块骨头这么轻,我很容易就叼起来了!

这个袋子很重,好难提起来。

唉!这个箱子太重啦!
我根本就抱不起来!

哎哟!

它看起来重吗?

体积很大的物体看起来好像很重,但实际上真的有那么重吗?它们也可能会很轻哦!

体积和质量有不同的测量单位。体积测量的是物体的大小,而不是物体有多重。

这个箱子比它看起来要重得多了!

这个箱子里面是空的,实际上扛着它比它看起来要轻多啦!

物体体积大,质量也一定大吗?

你需要准备:3个不同尺寸的箱子(一个小号,一个中号,一个大号)
一些弹珠
胶带

1. 首先,用弹珠填满最小号的箱子,数一数一共用了多少个弹珠,然后用胶带把箱子密封。
2. 接着,将小箱子中弹珠数量的一半放入中号箱子里,同样把箱子密封好。
3. 最后,在大号箱子中放入一颗弹珠,用胶带密封。

现在来请周围的朋友们猜一下,哪个箱子是最重的呢?

哪一个更重呢?

在称重机发明以前,人们只能自己去猜测物体的轻重!

猜一猜,一吨羽毛和一吨砖头,哪一个更重?

吨是一种质量计量单位,它的大小是固定的。所以,一吨羽毛和一吨砖头的质量实际是一样的!你猜对了吗?

你能猜到吗？

你需要准备：一些不同大小和轻重的物体
　　　　　　两个购物袋

往两个购物袋中分别装入一个物体，然后请朋友们拎起两个袋子猜一猜，哪一个袋子更重呢？

当两个物体质量相差不大时，我们很难猜出哪一个更重。

1. 首先把一个质量较大的物体放在其中一个袋子中，把质量较小的物体放在另一个袋子中。
2. 然后，选取两个质量相比前一次更为接近的物体，分别放入两个袋子中。
3. 最后，选取两个质量几乎相同的物体分别放入两个袋子中。

是它轻一些吗？还是它重一些？——这很难说呀！

它们的质量相同吗?

是否平衡是判断两个物体质量是否相同的一种非常简单的方法。

我更重一些,所以我这边的跷跷板降下来了!

我更轻一些哦,看,我这边的跷跷板翘起来啦!

制作一个天平

如果小女孩与小狗的质量相同,那么跷跷板就能保持平衡。

跷跷板平衡时,两端与地面的距离是一样的哦!

你需要准备:一个钢丝晾衣架

两个纸盘

胶带

四根一样长的毛线

1. 将两个纸盘倒扣过来。
2. 把其中两根毛线的两端用胶带固定在纸盘底部(如图所示),另一个纸盘用剩下的两根毛线做同样操作。
3. 提起固定好的毛线,将它系在晾衣架上(如图所示)。

你用什么方法测量质量呢?

你每天可以吃五个弹珠那么重的饼干哦!

有了砝码,你就可以精确测量物体的重量啦!

很多东西都可以被我们用来当作砝码呢!只要它们的质量相同。
石块,积木还有鹅卵石都可以!

汪!

它有多重呢?

你需要准备：一些弹珠
　　　　　　一些沙子
　　　　　　一些回形针
　　　　　　一些小纸条

1. 首先取出一定数量的弹珠放在天平的一端。
2. 现在往天平的另一端放入足够的沙子让天平平衡，接下来再将小纸条和回形针先后放在弹珠的另一端。

你也可以试着用其他的物体来与弹珠平衡哦！物体越轻，需要的数量就越多；物体越重，需要的数量就越少。（我们需要很多羽毛来平衡两个弹珠呢！但是如果用回形针来平衡的话，就不用那么多啦！）

观察一下，天平两端堆放的物体体积大小相同吗？

两端物体的质量是相同的，然而堆放物体的体积大小却是不同的。
我们会发现比较轻的物体堆放体积更大。那是因为它们自身质量较轻，需要更多的数量才能与弹珠平衡。

啊，一吨羽毛一定非常非常多！

它有多重呢?

如果每个人都用不同的标准来测量质量,大家就没办法在质量的问题上达成共识啦!

中国使用以吨、千克、克等作为基本计量单位的质量计量方法。

你正在读的这本书有多重呢?
需要用克、千克,还是吨作为
计量单位?
(答案:应该用克计量。)

硬糖很轻,需要用克(g)来计量。

我要重一些哦,我的体重要用千克(kg)来计量。

我非常重,体重得用吨(t)来计量啦!

你有多重呢?

我们可以用体重秤来测量自己的体重。

如果你没有科学地吃饭,可能会导致自己太胖或者太瘦!

最好不要让自己的身体过胖或者过瘦哦!

制作一个体重表

你需要准备：体重秤

一些图钉

一把剪刀

一把直尺

两张纸

1. 首先用图钉将一张纸固定在墙上——作为体重表。
2. 接着用直尺把另一张纸分成相同大小的长条，然后用剪刀剪下来。
3. 称一下自己的体重。
4. 把你的小纸条放在本页右侧的量尺旁，找到量尺上对应的体重数值。用虚线在小纸条上标记一下。
5. 将小纸条沿标记线剪下。
6. 最后在小纸条上写下你的名字和体重，用图钉钉在墙上的体重表上。

请同学们也来试试吧！

谁是班上最重的？谁是最轻的？

试着把班上所有同学的体重加在一起，看看总重量有多少呢？

体重量尺（单位：千克）

为什么我们需要测量物体的质量呢?

出于各种不同的原因和需求,我们需要测量物体的质量。

测量自己的体重

我们测量儿童的体重,是为了了解他们是否在健康地成长。
成人也需要检查体重是否符合健康标准呢!

测量食物的质量

大多数食品在购买时都需要称重,这样我们可以选择需要购买的数量。有时候,在我们购买之前,食品就已经称好重量了!

这个包裹很大,不过还好它并不是很重!

测量包裹的质量

在邮局邮寄东西时,我们还需要测量包裹的质量。包裹质量越大,需要花费的邮费就越多哦!

质量重要吗？

质量的大小与安全息息相关呢！

要是飞机超载的话，它可能就飞不起来啦！

如果桥上负载太大，很可能会塌陷哦！

这样安全吗？

你需要准备：两根吸管
两块积木

1. 首先如图所示，用吸管和积木搭建一座简易小桥。
2. 把一枚硬币放在桥的中间。然后依次往桥上放上更多的硬币，看看会发生什么。

当硬币太重，小桥难以承载的时候，它就会塌陷啦！

如果船只负载过重,很有可能会沉哦!

这样安全吗?

每当一个小朋友上船后,船都变得更重了。船变得越来越重,它没入水下的深度也越来越多。这艘船很危险——因为它现在超载啦,很可能会沉入水下呢!

船上的小朋友太多啦!船会沉的!

大象有多重呢?

我们用体重秤来测量自己的体重。可是大象太重啦,没办法用体重秤来测量;而羽毛又太轻啦,也不能用体重秤来测量。

你太轻啦!肯定也不能用体重秤!

呼!

太重和太轻的物体都要用适合的不同型号的称重器来测量哦!

大象有6吨重呢!

成年雄性非洲象是世界上体重最重的陆地动物。

地球有多重呢?

地球真的超级重哦——接近60万亿亿吨呢!

这是一个我们难以想象的重量。

大象非常重——它的体重相当于90个成年人的体重之和!然而……

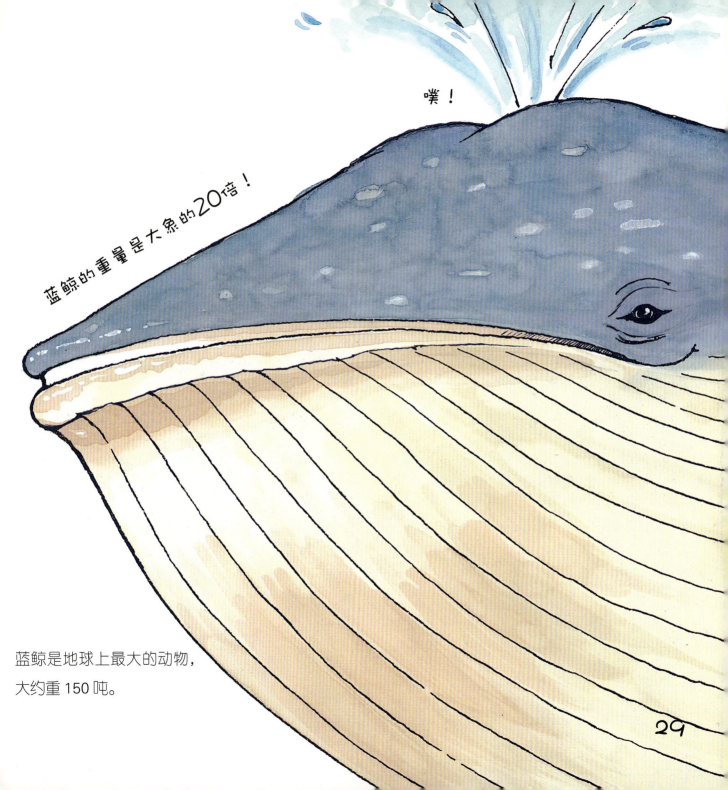

噗!

蓝鲸的重量是大象的20倍!

蓝鲸是地球上最大的动物,大约重150吨。

词语解释

平衡：两个或两个以上的力作用于一个物体上，各个力互相抵消，使物体成相对的静止状态。

天平：天平是一种衡器，是衡量物体质量的仪器。

沉重：形容物体质量较大。

轻：形容物体质量较小。

载重：能负担的重量。

克：质量单位。1克等于1000毫克。

千克：质量单位。1千克等于1000克。

吨：质量单位。1吨等于1000千克。

尺寸：指东西的长短大小。

质量：一种物理量。指物体中所含物质的量，或物体惯性的大小。

版权登记号：01-2017-3922

图书在版编目（CIP）数据

告诉我什么是重量？/[英]雪莉·威利斯著；吕莹译. — 北京：现代出版社，2018.2
（藏在身边的科学）
ISBN 978-7-5143-6389-0

Ⅰ.①告… Ⅱ.①雪… ②吕… Ⅲ.①质量（物理）—儿童读物 Ⅳ.①O31-49

中国版本图书馆CIP数据核字（2017）第303367号

© The Salariya Book Company Limited, 2017
The simplified Chinese translation rights arranged through Rightol Media
（本书中文简体版权经由锐拓传媒取得Email: copyright@rightol.com）

藏在身边的科学：告诉我什么是重量？

作　者	[英]雪莉·威利斯	网　址	www.1980xd.com
绘　者	[英]雪莉·威利斯	电子邮箱	xiandai@vip.sina.com
译　者	吕　莹	印　刷	北京瑞禾彩色印刷有限公司
责任编辑	王　倩	开　本	889mm×1194mm　1/20
出版发行	现代出版社	印　张	1.75
通讯地址	北京市安定门外安华里504号	版　次	2018年2月第1版　2018年3月第2次印刷
邮政编码	100011	书　号	ISBN 978-7-5143-6389-0
电　话	010-64267325　64245264（传真）	定　价	20.00元

版权所有，翻印必究；未经许可，不得转载